身近(みぢか)な鳥(とり)から渡(わた)り鳥(どり)まで
で
フィールドに出かけよう！
野鳥(やちょうかんさつ)観察入門(にゅうもん)

動画でも学べる！
子供の科学サイエンスブックス NEXT

誠文堂新光社

はじめに

窓の外から、

「チュン、チュン、チチチ……」「デーデーッポポー」

遠くでは、

「カァ、カァ」「ピーヨ、ピーヨ」

そんな音の景色で、朝がはじまります。玄関を出ると、その音の主たちが地上や樹上、屋根、そして大空のそこかしこにいます。歩きはじめれば、街路樹から「チィー」「チチチ、ジュクジュク」。川沿いに出ると「ビビ、ビビ」「ツィー」「グァー」。どこへ行っても、野鳥の声と姿。野鳥は人が生活している場所なら、地球上のあらゆる場所に生息しています。私たちにとって最も身近な野生生物の1つ、それが野鳥です。

歩く、走る、泳ぐ、空を飛ぶ……さまざまな運動能力を持ち、色彩や形態が多様な野鳥は私たちの興味と関心を惹きつけます。野鳥とはどのような生きものなのか、どこにどんな野鳥がいるのか、そこでどんな生活をしているのか、そして、野鳥たちの観察を楽しむ方法とは……。野鳥観察のスタートアップに必要な情報をまとめたのが本書です。

野鳥を知り、野鳥を見て、もっと野鳥のことを知りたくなる。ページをめくりながら、好奇心に満ちた毎日のスタートを切りましょう。

もくじ

はじめに ……………………………… 2
さくいん ……………………………… 78

1章 野鳥を知ろう　5
- 鳥ってどんな生きもの？ ………… 6
- 野鳥観察の準備 …………………… 8
- 野鳥はどこにいる？ ……………… 10
- 野鳥の種類 ………………………… 16
- 野鳥の羽根 ………………………… 18
- 季節と羽衣の変化 ………………… 20
- 飛び方 ……………………………… 24
- クチバシ・脚のいろいろ ………… 26

2章 野鳥の生態　29
- 野鳥の渡り ………………………… 30
- コラム❶ 迷鳥、珍鳥をゲットしたい 33
- 繁殖 ………………………………… 34
- 巣のいろいろ ……………………… 36
- 地鳴きとさえずり ………………… 38
- コラム❷ 私の調査道具 …………… 40

3章 観察の極意　41
- バードウォッチングの幸せがつまっている！ …… 42
- エナガとシマエナガ ……………… 44
- 真冬のカモ観察 …………………… 46
- ヒレンジャクとキレンジャク …… 48
- 意外と楽しい？ カラス観察 ……… 50
- スズメは野鳥の代表選手 ………… 52
- 3種のセキレイ …………………… 54
- カワセミはどこ？ ………………… 56
- ツバメは人間が大好き？ ………… 58
- 猛禽類を探そう …………………… 60
- コラム❸ 私のフィールドノート … 62

4章 野鳥に親しむ　63
- えさ台・水場・巣箱 ……………… 64
- 探鳥グループや野鳥の会に入って学ぶ …… 66
- 野鳥を撮影する …………………… 68
- 野鳥の声を録音する、表現する … 70
- 野鳥にかかわる仕事に就くには？ … 72
- 変わりゆく野鳥の生態 …………… 74

ブックガイド ……………………… 76
おわりに …………………………… 77

動画も見てみよう！
この本の関連動画をチェック！
子供の科学のWebサイト「コカネット」内にある、「サイエンスブックスNEXT特設サイト」で視聴できます。
https://www.kodomonokagaku.com/sbn/

1章 野鳥を知ろう

鳥ってどんな生きもの？

鳥への気持ち

鳥は私たちにとって、とても人気のある動物です。「飛ぶ」という優れた移動能力を生かして地球上のあらゆる場所に生息し、豊かな色彩と変化に富んだ姿形をしています。さらに、指先ほどの極小サイズから、人間の背丈を超える大きさまで、同じ生きものとは思えないくらい多様です。

私たちはそんな鳥たちをかわいらしい、美しい、かっこいい、うらやましい……といった、さまざまな感情で見つめています。

花の蜜を吸うハチドリ

クチバシと羽根

鳥は飛ぶ生きものですが、もちろん例外もあります。ペンギンやダチョウのように、飛ばない鳥もいます。でも、羽根を持つこ

空を舞うアンデアンコンドル

とと、クチバシを持つことは例外がありません。さらに、クチバシを持つ生きものは鳥以外にもいますが（哺乳類のカモノハシなど）、現在、地球上で羽根を持つ生きものは鳥だけです（※18ページを参照）。

哺乳類だけどクチバシがあるカモノハシ

ハシブトガラス（交連骨格標本）

軽い動物

　鳥は大きさのわりに体重が軽いのも特徴です。これは飛ぶために進化したもので、骨の組み合わせや構造を中心に軽量化されています。例えば、スズメは約25gで、100円玉（4.8g）5枚分くらいしかありません。ハシボソガラスでも550g前後なので、500mLのペットボトル飲料1本分です。

眼のいい動物

　鳥はとても色彩が豊かです。とくにそれが異性へのアピールである場合は、その色彩を異性が意識して評価しているので、眼で見ていることになります。さらに、飛びながら仲間や食料を探したり、危険を察知したりしています。こうしたことから、鳥はかなり視力がよく、見たものを認識して行動する動物だといえるでしょう。

色彩豊かなキジ（オス）

1章 野鳥を知ろう

野鳥観察の準備

道具は見方によって選ぶ

野鳥観察は、どこでもできます。通学や通勤の途中なら、肉眼で見て、耳で聞くのが基本です。つまり、特別な道具はいりません。じつは、肉眼の観察が、野鳥観察の一番の基本です。双眼鏡やカメラを持っていたとしても、肉眼で野鳥を探せなければ、双眼鏡の視野へ入れることもできません。まずは肉眼で探す、これが野鳥観察で一番大切なことです。そして、もしスマートフォン（スマホ）があれば、メモ代わりの撮影や録音ができます。

野鳥観察を目的に出かけるときは、必ず双眼鏡を持って行きましょう。望遠機能のあるカメラ（※68ページを参照）は双眼鏡の代わりになるような気がしますが、野鳥を探すには双眼鏡の方が圧倒的に使いやすく、探しやすいのです。

初めて行く場所は、スマホの地図アプリで事前に環境などを調べておきましょう。連動する航空写真は、道路地図からは読み取れない植物の生え方や農地、草地の様子などを把握することができます。

▶ 双眼鏡

お休みの日などにじっくり野鳥観察をしたいのなら、双眼鏡を持って行きましょう。倍率は8倍が基本です。倍率が高すぎると、見えている範囲が狭くなり、暗くなります。明るくするにはレンズを大きくする必要があるので、全体的に大きく、重くなります。こうしたバランスを考えると、8倍がちょうどよく、メーカーが最も力を入れているのがこの倍率の製品です。首にかけたときの重さや手で持ったときの持ちやすさなど、実際に確かめて購入しましょう。

双眼鏡。同じ8倍でもいろいろなタイプがある

1章 野鳥を知ろう

フィールドノート

野鳥は見やすい条件で現れてくれるとは限りませんし、一瞬見えて飛び去ってしまうことも珍しくありません。その場で種類がわからなくても、観察したことをメモに残しておけば、後から考えることもできます。

野外観察の記録を残すメモ帳を、フィールドノートと呼びます。フィールドノートは、双眼鏡と同じくらい、重要なアイテムです。

フィールドノート

服装

野外観察では、熱中症や虫刺されなどに注意する必要があるので、できるだけ肌を露出しない服装がよいでしょう。観察中は双眼鏡など観察用具を使うことが多いため、荷物は背負えるリュック式のカバンに、図鑑やフィールドノートはウエストバッグに入れておくと取り出しやすくて便利です。靴は底がしっかりしたものを選びましょう。防水機能のある軽登山靴が万能ですが、近所や公園などでは、普段使いのはき慣れた靴がベターです。

こうした服装の色は、蛍光色など野鳥が警戒しやすい色合いを避けた方がよいこと以外は、とくにきまりはありません。お気に入りの服装で野鳥観察を楽しみましょう。

お気に入りの服装でバードウォッチング

9

野鳥はどこにいる？

地球上、ふつうに人が行く場所で、野鳥がいないところはありません。注意深く「野鳥を見つける眼と耳」を使って、鳥を見つけましょう。

❶ 家のまわり（住宅地）

屋根やテレビアンテナ、垣根などに目を凝らすと、スズメやキジバト、ハシブトガラスなどが止まっています。カキなど果実のなる木が植えられている庭には、ムクドリやヒヨドリなどが集まります。とくに冬にえさ台を置くと、メジロやシジュウカラがやってくるかもしれません。

アンテナに止まるツミ

えさ台にいるメジロ

❷街なか

街路樹にはメジロなどが営巣し、ビル街を断崖絶壁に見立てているのか、そうした環境を好むチョウゲンボウやイソヒヨドリも営巣することがあります。駅の通路にはツバメが営巣し、駅のホーム付近ではドバトも営巣しています。電柱や道路標識の鉄骨のなかでは、ムクドリやスズメが営巣します。また、電線は野鳥の大切な止まり場です。

ツバメの巣

イソヒヨドリ

ねぐらに集まるムクドリ（写真提供／藤井幹）

道路標識に営巣するムクドリ

❸ねぐら

夕方になると、街路樹や量販店の看板などに、たくさんの鳥が集まってくることがあります。街なかに生息するムクドリやスズメ、ハクセキレイなどがねぐらにしているのです。フンや大きな鳴き声のために嫌われてしまうこともありますが、数百羽から、時には数千羽の野鳥が集合するさまは壮観です。

1章 野鳥を知ろう

❹ 公園

ヤマガラ

コゲラ

住宅地のなかでも公園は木が多い場所です。コゲラやメジロが枝から枝を行き来して採食しているところを見られるでしょう。エナガやヤマガラもこうした場所を好みます。大きな木が多い公園であれば、猛禽類のツミが見られるかもしれません。

ツミ

❻ 学校

学校も木が多い場所で、サクラやケヤキ、クスノキ、イチョウなどの大木もあるかもしれません。そうした木にはたくさんの野鳥が集まります。葉が茂る季節には、ヒヨドリやキジバトが人知れず営巣しています。鉄骨が露出している渡り廊下では、スズメやドバトが営巣していることがあります。校庭の脇に池があったりすると、カルガモがいつのまにか子育てしていることもあります。

サクラの花の蜜を吸うヒヨドリ

1章 野鳥を知ろう

❺広い都市公園

ニシオジロビタキ

面積の広い都市公園は多くの野鳥が生息しています。果実のなる木が多く、また、花が植えられていると、野鳥の食料となる昆虫もたくさん発生します。池があれば、森と草原に加えて、水辺を好む野鳥も集まります。とくに冬は多くの鳥が見られますが、春や秋の渡りのシーズンも、渡り鳥が一時滞在することがあり、珍しい野鳥を見られることがあります。

コサメビタキ

サンコウチョウ

カルガモの親子

❼ 川

バードウォッチャーが鳥を見に行く一番多い環境は、おそらく川です。とりあえず川へ行けば、家のまわりにいる野鳥とは違った種類が見られるからです。水の流れはもちろんですが、川には砂漠のような場所、草原、林などさまざまな環境がぎゅっとつまっています。

カワセミ

オオヨシキリ　　ベニマシコ

街なかを流れる川にもカワセミやコサギ、カモ類などがいて、しかも近い距離で観察できるので、とても手軽で豪華なバードウォッチングを楽しめます。季節の移り変わりも大きく、春はオオヨシキリやヒバリがさえずり、コチドリが水際をせわしなく歩きます。秋の渡りのシーズンには思わぬ渡り鳥に出会うこともあります。冬はベニマシコやカシラダカなどが冬枯れの草地で静かに採食しています。

1章 野鳥を知ろう

❽海

漁港は波がおだやかなので、カモメ類やカイツブリ類などの海鳥が羽を休めていることがあります。また、見通しのよい場所から海を眺めると、ミズナギドリ類やアホウドリ類が細長い翼を広げて飛ぶ姿を見ることができます。岩場が近くにあれば、ミサゴやハヤブサなどの猛禽類が迫力あるハンティングを見せてくれるかもしれません。

ハヤブサ

ミズナギドリ類

アカエリカイツブリ

15

野鳥の種類

鳥の種類は1万種！

　鳥は世界中のあらゆる場所に生息し、その種類は約1万種といわれています。この種数は、哺乳類や両生類など、いわゆる四肢動物と呼ばれる動物のなかでもとても多く、鳥が地球上でとても繁栄している生きものであることがわかります。

日本の鳥の種数と『日本鳥類目録』

　日本でこれまで記録された野鳥の種数は、日本鳥学会が出版している『日本鳥類目録』の最新版によれば644種（＋移入種46種）とされています。この目録は1922年に初めて刊行されてから、最新版の改訂第8版（2024年9月刊行）まで、一貫して日本の鳥の分類（種だけでなく、科や目などの仲間分けとその順番）と分布、そして和名と学名を定めています。
　現在刊行されている鳥の図鑑も、ほぼすべてがこの目録に則ってつくられています。

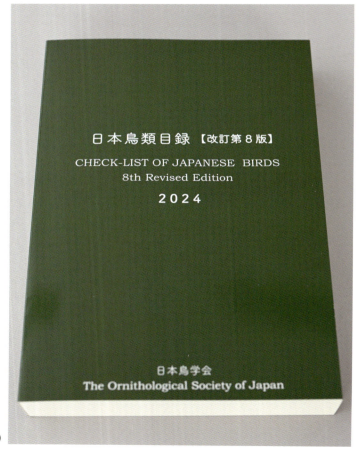

『日本鳥類目録改訂第8版』（日本鳥学会）

1章 野鳥を知ろう

本当はもっと多い？ 日本の鳥の種数

　初めて日本で記録された珍しい鳥の話題が新聞やテレビで紹介されたとします。しかし、それだけでは『日本鳥類目録』に掲載されません。その記録を論文として学術誌に投稿、さらに厳しい審査を通って掲載され、それが日本鳥学会内の検討委員会で認められると、初めて目録に掲載されます。

　例えば、2014年に神奈川県相模原市で3か月以上にわたり観察されたウタツグミは、それ以前にも全国で5件の観察記録がありました。しかし、正式な論文で発表されていなかったことと、飼い鳥が逃げたものという可能性が否定できなかったため、『日本鳥類目録改訂第7版』では「検討中」の種リストにあげられていました。その後、さらに3件の記録を加えたうえで形態や渡りルートとの位置関係などを詳細に検討し、相模原の記録が「迷行記録」と判断した論文が2019年、『日本鳥学会誌』に掲載されました。これを受けて、『日本鳥類目録改訂第8版』で正式に日本の鳥類目録に掲載されたのです。

　ほかにも、たくさんの人が見て、インターネット上などでも有名になっていても、まだ目録に掲載されていない野鳥も多くあるのです。

2014年、神奈川県相模原市に飛来したウタツグミ（写真提供／渡部良樹）

野鳥の羽根

羽根は鳥の最大の特徴

鳥にあってほかの動物にないもの、それが羽根です。つまり、羽根を持つことは鳥の一番の特徴といえるでしょう。進化の歴史をたどると、恐竜の一部にも羽根があったことがわかっていて、恐竜が鳥の祖先である証拠の1つです。

獣脚類恐竜の一部は羽毛を持っていたことが知られている。

暖かく、美しく、空へ

羽根が持つ大切な役割は、体温を保つこと、美しく外見を彩ること、そして、飛ぶための形をつくることです。

私たちが寝具や衣類に利用しているダウン素材は、羽根のなかでも綿羽と呼ばれる、胴体を保温するやわらかい部分です。そして、翼に生える平たい形の羽根は、正羽と呼ばれます。羽根によって彩られる色合いや模様、形の多様さは、異性に対するアピールにもなり、また、まわりの環境に溶け込む保護色にもなります。

正羽(左)と綿羽(右)

キジの求愛ディスプレイ(写真提供/堀本徹)

キバシリの保護色

1章 野鳥を知ろう

細い？ 丸々？ 羽根で自由自在

　同じ種類の鳥なのに、ほっそりして見えるときと、丸々とふくよかに見えるときがあります。これは、鳥が羽根を立てたり寝かせたりすることができるからです。立たせると、外気と皮膚の間に空気の層ができて保温になります。また、多くの羽根が頭から尾の方向に向かって生えているので、羽根を寝かせることで体の表面がなめらかになります。これは飛ぶときに空気の抵抗を受けにくくするためです。

オシドリの飛翔。きらびやかな飾り羽根も飛ぶときは体にぴったりついて、風の抵抗を避ける

ふっくらした状態のムクドリ

ほっそりした状態のムクドリ

季節と羽衣の変化

保護色

野鳥のなかには季節によって色合いが大きく変わる種類が多くいます。繁殖期には異性を惹きつけるために色や模様でアピールし、そうでない季節は、保護色をベースに、環境に溶け込む色合いになります。

ヤマシギは、全身が複雑な模様におおわれています。渋い美しさがバードウォッチャーに人気の鳥ですが、とくに冬の森のなかでは完璧な保護色になります。トラツグミも虎斑模様が印象的ですが、落ち葉の上に立つとこれも保護色であることがわかります。

トラツグミ

ヤマシギ

1章 野鳥を知ろう

繁殖羽

　異性へアピールするために飾り羽が発達する種がいます。オシドリはオスがメスへアピールするために、頭や翼にさまざまな装飾羽が発達します。メスへの求愛の際には、これらの装飾羽をしっかり目立たせるように羽根を膨らませたり、銀杏羽（三列風切）を立てたりします（※22ページを参照）。色合いだけではありません。コサギは、繁殖期だけ純白の冠羽が発達し、翼にもレースのような装飾羽をまといます。

　しかし、アピールするために役立つ羽や色彩は、外敵に対しても目立つことになりますし、多くの場合、行動の邪魔になります。飾り羽とは、それでも生き抜くだけの能力や体力があるということを異性へアピールしているのです。鳥たちの華麗な姿も、じつは命がけの美しさといえるのかもしれません。

コサギの繁殖羽。冠羽や背中の飾り羽が風になびいている（写真提供／堀本徹）

冬羽

冬羽に特徴が出る野鳥といえば、ライチョウです。ライチョウは一生を高山帯で過ごし、雪に閉ざされる冬は、一面の雪景色にとけこむよう純白の羽色になります。

ちなみに、通常は春から夏の夏羽が美しくなり、冬羽は地味で目立たなくなる鳥が多いのですが、カモ類の多くは、真冬にきらびやかな色合いになります。これは、真冬につがいが形成されるためです。繁殖期はオスもメスも目立たない色合いになります。この時期のオスの羽色を、エクリプス（月蝕の意味）と呼んでいます。

ライチョウの冬羽（写真提供／青木雄司）

オスのエクリプス羽（写真提供／堀本徹）

オシドリの求愛ダンス

換羽

人の髪の毛が何度も抜け換わるように、鳥の羽根も一生のうちで何度も抜けて、新しい羽へ生え換わります。これを、換羽と呼びます。換羽のタイミングは種類によって異なりますが、多くの種類が1年で1回以上換わります。カモやツルの仲間は翼の風切羽がいっせいに抜けて生え換わるため、換羽中、飛べない期間が長くて数週間あります。カモ類はその期間、水辺の草陰などに隠れてひっそりと過ごします。

換羽中のクマタカ。風切羽の換羽は左右対称に進む

すり減って現れる色

オオジュリンは少し特殊です。冬羽の間はオスもメスも同じような色合いですが、これが春になると、オスだけ頭が黒くなります。これは羽根が生え換わったのではなく、頭の羽毛の先端がしだいに擦り切れて、その下についている黒い羽毛が表面に現れるのです。

換羽中のオオジュリンのオス

夏羽のオオジュリンのオス（写真提供／堀本徹）

1章 野鳥を知ろう

23

飛び方

飛び方で識別

野鳥が飛ぶ姿を見ていると、種類によって特徴があるのがわかります。直線的に飛ぶのは、スズメやムクドリ、ハトです。これに対してセキレイ類やヒヨドリは、羽ばたきのリズムが規則的です。羽ばたきと、翼をたたんだ姿勢を交互に行うため、波形を描くように飛びます。この飛び方は通常、変わることがないので、種類の識別にも役立ちます。

ハトは直線的に飛びますが、ドバトとキジバトはよく見ると羽ばたきのリズムが異なります。ドバトは連続的に羽ばたき、キジバトは1、2回羽ばたいては一瞬止まるように見えます。このリズムの違いを覚えると、飛んでいるドバトとキジバトを見分けられます。

ムクドリの飛翔

飛翔するヒヨドリ。翼をたたんでいるように見えるのは、羽ばたきとたたんだ姿勢を交互に行って飛翔しているため

旋回・ホバリング

タカの仲間がほとんど羽ばたかず、円を描くように旋回しながら空高く上がっていくのを見ることがあります。このようなときは、翼や尾羽の長さや形、頭部の形などから種類を識別しやすくなります。

カワセミやコアジサシは、羽ばたきながら空中の一点にとどまり（ホバリング）、水面を見つめます。狙いが定まると一直線に水中へ飛び込み、獲物を捕らえます。

旋回するノスリ

ホバリング中のカワセミ

翼と尾羽の機能

飛び方によって翼や尾羽の形に違いがあります。あまり羽ばたかず、空中を滑るように飛ぶアホウドリやオオミズナギドリの翼は細長く、激しく羽ばたいて縦横にターンしながら飛ぶツバメは、翼の先が鋭く尖ります。

尾羽は左右のターンや、止まる際のブレーキの役割を持ちます。ただし、サンコウチョウ（※43ページを参照）のようにオスの尾羽が長く伸びるのは装飾的な役割です。

クロハラアジサシ。止まる直前に尾羽を立ててブレーキをかけている

オオミズナギドリ。細長い翼で海面上を滑るように飛ぶ

クチバシ・脚のいろいろ

いろいろなクチバシ

クチバシの形は、その野鳥がどんなものを、どんなふうに食べるのかを示しています。

オオタカの、上クチバシ全体が大きく下へ曲がった形のクチバシは、肉を引き裂くためです。同じような形をしたワカケホンセイインコのクチバシは、分厚い果実の皮を割いたりするためのものです。キアシシギの細長いクチバシは、水中や土のなかへ深く挿し込んで食べ物を探すのに役立ちます。イカルの短くて太いクチバシは、果実の硬い殻をペンチのようにはさんで割ることができます。細長いメジロのクチバシは、花の奥に差し入れて蜜を吸うためのものです。

ちょっと変わった形のクチバシでは、ソリハシセイタカシギのように上にそったものもあります。浅い水中や泥のなかでクチバシを左右に振り、カニなどの水生動物を捕らえます。ハシブトガラスのクチバシは太くて大きく、先が少し下へ曲がっています。これは万能型で、硬いもの、大きなものをつまむだけでなく、食べ物を探すために石などをどかすこともできます。そして、小さなものを器用に拾い上げたり、引っ張り出したりすることもできます。

カモとカイツブリのクチバシ

同じ水辺で活動することも多いカモ類とカイツブリ類ですが、クチバシの形は大きく異なります。カモ類は上クチバシが幅広く、先がほんの少し下へ曲がるのに対して、カイツブリ類は細長くまっすぐです。カモ類が地上で草や昆虫なども採食するのに対して、カイツブリ類は潜水して水中で魚や甲殻類などを食べます。そうした食べ方の違いがクチバシの形の違いに表れているのでしょう。

カルガモ

カンムリカイツブリ

クチバシを見比べてみよう

オオタカ

ワカケホンセイインコ

ソリハシセイタカシギ

イカル

メジロ

ハシブトガラス

1章 野鳥を知ろう

脚の形

　野鳥の足の外に出て見えている部分は、人でいうとすねの途中から下あたりです。かかとから下に1本の長い骨が伸びていて、これは鳥独特の骨で「ふ蹠骨」と呼ばれます。「足が長い鳥」という表現は、正確には「ふ蹠骨が長い」ということになります。すねの途中から上、つまり、膝や大腿骨はお腹の皮膚のなかにおさまっています。

　足指は通常は4本で、哺乳類の親指にあたる第1指が後ろ向きに、残りの3本が前に向いている種類が多く、これを三前趾足といいます。フクロウ科やカッコウ科、キツツキ科などは前後2本ずつで、これを対趾足といいます。

　水鳥のカルガモは、第2指から第4指の間に水かきがあります。同じ水鳥でも、カイツブリやオオバンは指に木の葉のようなヒレがついています。これは弁足と呼ばれ、潜水して泳ぐのに適しています。

トラツグミの足指（三前趾足）

セイタカシギ。すねとふ蹠骨がとても長い

オオコノハズクの足指（対趾足）

オオバン。足指に木の葉形のヒレがついている（弁足）

2章 野鳥の生態

野鳥の渡り

渡りには謎が多い

「渡り」とは、季節によって生息地を移動する行動で、北から南、南から北といった水平移動のほか、高い山から低地へといった垂直方向の移動もあります。北半球の日本列島では、繁殖期が近づくと南から北へ、越冬期には北から南へという方向が多いのですが、その距離は同じ種類でもさまざまです。

ヒヨドリは、冬に本州で群で見られるものは、北海道から渡ってきているものが多いといわれていますし、高い山から下りてきている個体もいるようです。さらに繁殖期にいた個体の一部は南の方へ渡っているようで、同じヒヨドリのなかでもその動きはとても複雑で、よくわかっていないことも多いのです。

ヒヨドリの群（写真提供／藤井幹）

逆方向の渡り　リュウキュウサンショウクイ

　南西諸島に生息するリュウキュウサンショウクイが近年、冬になると本州へ渡ってきて、春に南へ戻ります。一方、近縁のサンショウクイは夏鳥で、4月になると南方から渡ってきて秋に南へ戻る、一般的な渡りを行います。

　リュウキュウサンショウクイがなぜこのように「逆方向」ともいえるような渡りをするのか、理由はわかっていません。さらに、記録はまだ少ないのですが、春もそのまま残り、繁殖したこともあります。

サンショウクイ

リュウキュウサンショウクイ

タカの渡りの魅力

今、タカの渡りが全国で新しい風物詩になっています。主に秋、サシバやハチクマなどのタカが集団で渡る様子は、多くのバードウォッチャーを惹きつけます。かつては愛知県渥美半島の伊良湖岬など限られた場所が知られていましたが、近年は全国各地で名所が開拓されていて、ネット上に即日で観察されていた渡りの数が公開されています。

数十羽のサシバが旋回しながら高空へ上がり、次々と一直線に西へ飛び去っていく様子は、理屈抜きで感動します。一方で、天候や風向きなどによってまったく飛ばない日もあれば、長野県の白樺峠のように、1日で数千羽が渡ることもあります。こうした当たりはずれの大きなゲーム性も人気のヒミツといえるでしょう。

タカの渡り観察。長野県の白樺峠タカ見の広場（写真提供／青木雄司）

サシバ（写真提供／藤井幹）

サシバのタカ柱

コラム❶ 迷鳥、珍鳥をゲットしたい

　もしかしたら、一般の野鳥観察のイメージは今、"珍鳥目当て"で"バズーカ砲のような望遠レンズ"がずらりと並んでいる風景かもしれません。デジタルカメラと携帯電話が普及して、珍鳥情報はまたたく間に撮影を趣味としている人たちなどへ広まるようになりました。首都圏では、発見されてから数時間後には望遠レンズの列ができています。

　珍しいものをゲットしたいというのは、野鳥観察に限らずコレクションやさまざまゲームの世界でも必ずあって、それが野鳥観察の要素となるのは当然といえます。ただ、通常はプロスポーツの現場でしか見ないような仰々しいカメラとレンズが、道ばたや堤防などに並ぶ様子は、ちょっと異様です。

　撮影者が狙っている対象にかかわらず、自分や自宅の方向にレンズが向いているのは気持ちが落ちつかないものです。双眼鏡や望遠鏡も含めて、自分が見ている野鳥のその先にも心配りをしたいものですね。

珍しい鳥のシャッターチャンスを狙うレンズの列

2章 野鳥の生態

繁殖

イモムシを取り合うシジュウカラの若鳥（写真提供／堀本徹）

繁殖期

　多くの鳥は1年のなかで、食糧が豊富になる季節に合わせて繁殖します。日本国内では、春から夏にかけて昆虫などの小動物が豊富になるので、こうした餌をヒナへ与える鳥は、春に繁殖をはじめます。

　例えば、シジュウカラはたくさんのイモムシをヒナへ与えます。1日のうち、1羽のヒナへ多いときで20匹以上のイモムシを与えるといわれています。1回の繁殖で約10羽のヒナを育てるので、1日で数百匹のイモムシを消費していることになります。また、カワガラスは真冬に繁殖します。これは、餌となる水生昆虫（カワゲラやトビケラの幼虫など）が2～3月に多くなるためです。

カワガラス

つがいの形

　鳥のつがいは、一夫一妻、一夫多妻、一妻多夫などいろいろあります。身近なところでは、ウグイスは1羽のオスが、複数のメスとつがいになることが知られています。また、タマシギは1羽のメスが、複数のオスとつがいになります。メスは交尾と産卵の後に巣を離れ、子育てはオスが担当します。体の色合いも、メスの方が目立ち、子育てをするオスは地味な保護色をしています。

タマシギのオスとヒナ（写真提供／堀本徹）

タマシギのメス（写真提供／堀本徹）

ツバメの子育て

　私たちが最もよく目にする鳥の巣は、ツバメではないでしょうか。巣から顔を出すヒナたちが日に日に成長していく様子はとても楽しみです（※11ページを参照）。多くのツバメは、1シーズンに2回子育てをします。

巣材を集めるツバメ

2章　野鳥の生態

巣のいろいろ

巣は家じゃない？

野鳥の巣は「家」に例えられることがあります。しかし、これは正確ではありません。巣は、例えるならベビーベッドです。ツバメ（※11ページを参照）は抱卵からヒナが巣立つまで巣を使用しますが、抱卵中以外、親は巣で眠ることはありません。

街路樹でよく見かけるメジロの巣を見ると、あまりの小ささに驚きます。このなかで4〜5羽のヒナが育つとなると、ぎゅうぎゅうづめになるはずです。でも、巣立つタイミングになったら、おさまりきらずにはみ出してしまい、巣立ちが促されるくらいでよいのかもしれません。

メジロの古巣

針金ハンガーを使ったハシブトガラスの巣

アオゲラの巣

巣穴掘りをするコゲラ

営巣場所のいろいろ

ツバメのように巣が人間から丸見えなのは例外で、多くの巣は「人から見えないように」というよりも「外敵から見えないように」目立たない場所につくられます。樹木は主要な営巣場所で、茂みの中以外にもキツツキ類が幹に開けた巣穴や、自然にできた樹洞はとても重要な営巣場所です。河原では、地上に営巣する鳥が多くいます。コアジサシは、浅いくぼみにまわりの小石や木片などを少し集めただけの簡単な巣をつくり、河原の丸い石にそっくりな卵を3〜4個産みます。

市街地では人工物にもよく営巣します。

ゴミの陰に隠れるコアジサシのヒナ

コアジサシの巣と卵

スズメやムクドリの営巣場所は、かつては人家の軒などでしたが、今は道路標識や信号などの鉄骨内が多くなっています（※11ページを参照）。

地鳴きとさえずり

地鳴き

　ほとんどの野鳥が、日常的なコミュニケーションのツールとして鳴き声を持ちます。これを地鳴きと呼び、さえずりと区別しています。地鳴きはお互いの位置を伝えあったり、危険を知らせたりするときに発せられ、多くは必要最小限の声量です。さえずりと比べて種ごとの特徴があまりなく、地鳴きでの識別は難しいです。

　しかし、さえずりは1年のなかで限られた期間しか鳴かないのに対して、地鳴きはほぼ1年中聞かれるので、地鳴きをマスターするのは野鳥の識別にはとても重要です。

さえずり

　さえずりは、縄張りを主張したり、オスがメスを惹きつけるために鳴いたりするので、繁殖期に聞かれることが多い鳴き方です。多くは「歌」と表現され、大きな声量でさまざまなフレーズがつけられます。さえずりは、野鳥観察の楽しみの1つです。

　モズは主に肉食のため、晩秋から冬にも縄張りを持ち、よくさえずります。このときの鳴き声を「モズの高鳴き」と呼びます。また、キツツキ類はさえずりを持たない代わりに、大きな音が出やすい枯れ木などを高速・連続でたたく「ドラミング」を行います。

さえずるホオジロ

さえずりを持たない鳥

　日本の野鳥を代表するスズメはさえずりを持ちません。また、森のなかでほとんどの期間を群で過ごすエナガもさえずりません。さえずりと地鳴きをはっきりと区別できない場合もあります。キジバトの「デーデーポッポー」という鳴き声や、カラスが全身を使って鳴く様子は、時にはさえずりのように鳴いているものの、繁殖期以外にも同じように鳴くことがあります。

エナガの群

ハシボソガラス

鳥の鳴き声にも文法がある？

　鈴木俊貴博士（東京大学）が2010年代後半に発表した論文の数々は、世界中に衝撃を与えました。シジュウカラは200種類ほどの鳴き声を使い分け、鳴き声を組み合わせた文法まで持ち合わせている、というものでした。鈴木博士は現在も次々と新しい発見を続けていて、行動パターンと鳴き声の関係など、鳥たちのコミュニケーション方法の解明に注目が集まっています。

シジュウカラ

2章　野鳥の生態

コラム❷

私の調査道具

最小限の道具

　野鳥は人間が活動する場所ならどこにでもいますし、野鳥の方も常に移動しているため、思わぬ場所で、思わぬ野鳥に出会うことがあります。そんなときは、目や耳と、最小限の道具を使って観察します。

　代表的なのは、通勤途中です。時間もあまりないので、私はとりあえずスマホで写真やムービーを撮影しておきます。すると、日時や、機能によっては場所も正確に記録することができます。

　こうした記録が後でとても重要な情報になることがあるので、スマホに入れっぱなしにするのではなく、フィールドノートにも最小限の情報を書き入れておきます。スマホやタブレットは便利ですが、機種変更の際にうっかり消えたり行方不明になったりという危険があります。アナログのノートは、自分なりの目印をつけたり、情報の残し方が自由なので、意外と便利です。

最強のツール、双眼鏡

　野鳥の観察に写真を撮影することが多くなり、観察ツールのなかでは、数も重量もカメラが大きく占めています。それでも、絶対に欠かすことができないのは双眼鏡です。私は倍率8倍で、対物レンズの口径は約30㎜のものを使用しています。40㎜の方が圧倒的に明るいし、視野も広くて見え味がよいのですが、やはりカメラとの両方使いでは軽いものを選んでいます。

　ちなみに、それなりに高級な機種を使っていますが、数十万円もするものは持っていません。フィールドではいろいろな環境や天候のなかを持ち歩くため、壊してしまう可能性がゼロではないからです。

3章 観察の極意

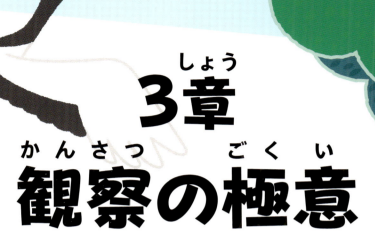

バードウォッチングの幸せがつまっている！

カラ類混群

　シジュウカラ（※34、39ページを参照）は身近な野鳥のなかでも、とても人気があります。白黒のフォーマルな雰囲気の色合いに、翼のグレーの部分には黄緑色や水色が入っていてオシャレ。さらに、人への警戒心が薄くて近い距離で観察できます。動作や鳴き声もかわいらしくて、人気の理由をあげればきりがありません。

　繁殖期以外のシジュウカラは群をつくって行動し、たいていの場合、その群は異なるいくつかの種類の野鳥が混ざります。これを「カラ類混群」と呼んでいます。

なぜ混群？

　バードウォッチング中にカラ類混群に出会うと、「混群を構成する野鳥たちは、別種なのに仲良しなの？」とたずねられることがあります。いえいえ、そういう理由で群れているわけではありません。混群をよく観察していると、主に動いている場所や環境が微妙に違っていることがわかります。群に入ると食物を探すうえではあまり競い合うことはなく、危険を察知するうえでは情報を素早く共有できるメリットがあるようです。

シジュウカラ

カラ類混群の仲間たち

ウグイス
木々の枝を縦横に飛び回るシジュウカラに対して、忍びのように下の方の茂みを渡り歩いています。

ゴジュウカラ
低山で見る混群に、数羽が混じっていることも。ほかにもヒガラやコガラが加わっていることもあります。

コゲラ
日本で一番小さなキツツキで、カラ類混群のレギュラーメンバーです。

メジロ
せわしなく動くシジュウカラより、もっとちょこまかと動き回っています。

エナガ
単独の群でいることも多いけれど、時々合流して混群を盛りあげてくれます。

サプライズゲスト
春や秋の渡りのシーズンには、サンコウチョウやキビタキ、センダイムシクイなどのムシクイ類などが加わっていることがあります。

そのほかの仲間たち

ヒガラ

コガラ

エナガとシマエナガ

冬のシマエナガ（写真提供／藤井幹）

動物グッズ界のトップアイドルに躍り出たシマエナガ

かつては本場・北海道のご当地アイドルだったシマエナガですが、今や100円ショップなどにもシマエナガをモチーフとしたグッズがあふれています。「雪の妖精」の称号も定着し、写真集や絵本も数多く出版され、トップアイドルといえる存在です。

3章 観察の極意

亜種

　同じ種だけれども、地域によって少し異なる特徴がある場合、亜種として分けられます。シマエナガは亜種名で、本州以南に生息するエナガと亜種関係にあります。ただし、本州以南のエナガも3亜種に分けられ、九州と四国に分布するキュウシュウエナガ、対馬などに分布するチョウセンエナガ、そして本州や佐渡島、隠岐島などに分布する亜種エナガとなります。この3亜種には羽色に大きな違いはありません。

　ところで、シマエナガを北海道へ見に行くなら、冬に限ります。気候のよい初夏の北海道へ行くと、シマエナガの家族群に出会うことがあります。幼鳥たちを見ると、頭に黒い帯があります。そうです、幼鳥は亜種の間で羽色に差はなく、頭に黒い帯があるのです。さらに親鳥はというと、子育て疲れか、ほっそりやつれて見えて「雪の妖精」とは程遠い姿なのです。

シマエナガの幼鳥（左）とやつれた親鳥（右）

エナガ団子

エナガ団子

　エナガは1回の繁殖で10羽以上のヒナを育てます。そのヒナたちが巣立って1週間くらいは、親鳥からの給餌（餌を与えること）を待つ間、枝にくっついて並んで止まっていることがあります。その様子は「エナガ団子」や「エナガのおしくらまんじゅう」と呼ばれ、バードウォッチャーの見たいシーンの1つとされます。

45

真冬のカモ観察

冬こそカモ

カモ類は冬にペアをつくります（※22ページを参照）。そのため、オスの羽色は真冬に一番美しい色合いになります。豪華絢爛なオシドリ（※22ページを参照）だけでなく、白黒のツートンが美しく、パンダガモの愛称で人気のミコアイサ、緑光沢のナポレオンハットをかぶったようなヨシガモ、複雑な顔の模様のトモエガモ、さらに、一見すると地味な色合いなのによく見ると渋い美しさのオカヨシガモなど、あげればきりがありません。

ミコアイサのオス（左）とメス（右）

オカヨシガモ（オス）

ヨシガモ（オス）

トモエガモ（オス）

46

"まる見え"できる観察

探すことに苦労するのもバードウォッチングの楽しみの1つですが、さえぎるものが何もない水面でたくさんの数や種類を観察できるのも、冬のカモ観察のだいご味です。ただし、寒さへの対策が必要です。寒風にさらされるので、気温よりも体感温度は低くなります。足元から頭まで、万全の対策でのぞみましょう。そうして時間をかけてよく見ると、種ごとに少しずつ異なる求愛ディスプレイのスタイルや、食べ方の違い、難易度の高いメスの識別など、いろいろな観察を楽しめます。

ハシビロガモ。平たいクチバシを水面につけて採食

海ガモに挑戦

川や湖で越冬する「淡水ガモ」といわれる種類をある程度観察できたら、海ガモにチャレンジしてみましょう。海ガモの観察ポイントとなる港や大きな川の河口部などが全国に知られています。淡水ガモとは少し違った雰囲気や、年によって渡来数や種類が大きく変化するのも楽しみとなります。

シノリガモ

アラナミキンクロ

ヒレンジャクとキレンジャク

季節のあいさつになるレンジャク情報

　新年、バードウォッチャー同士のあいさつにはレンジャクが頻繁に登場します。「レンジャク、もう見た？」といった具合です。なぜこうしたあいさつが交わされるのかというと、レンジャク類は年によって飛来数が大きく変化することと、飛来当初にはヤドリギの多い場所を渡り歩くように移動を繰り返すためです。タイミングを逃すと見られないし、飛来数が多い年は「レンジャク祭り」といわれるフィーバー状態にもなります。そして何より、ヒレンジャクもキレンジャクも、ほかの野鳥にはない独特の色合いと顔つきが人気の理由です。

ヤドリギの果実を食べるヒレンジャク

キレンジャク

ヤドリギとの深い関係

飛来当初のレンジャク類は、樹木の幹に寄生する植物であるヤドリギの果実を好んで食べます。ヤドリギの果肉はとても粘り気があります。ヤドリギを食べた後のレンジャクのフンは、納豆のように長く糸を引きます。これが別の枝に付くと、接着剤でくっつけたようにピタリと貼りつきます。つまり、ヤドリギはレンジャクに食べられることによって分布を広げてきたのです。ちなみに、レンジャク類以外ではヒヨドリなどがヤドリギの果実を時々食べる程度で、あまり好まれません。ヤドリギとレンジャクの関係はとても深いのです。

ヒレンジャクと糸を引いたフン

ヤドリギの後

ヤドリギを食べつくすと、ヤブランやピラカンサの果実などを食べるようになります。ヤドリギは樹木の高い場所に生育していることが多いのですが、ヤブランは地上付近、ピラカンサも低木なので、じつはヤドリギを食べつくした後の方が、レンジャク類を観察しやすいのです。春先になると、レンジャク類は河原へ向かいます。咲きだしたヤナギの花を食べたりしながら、徐々に北方へ帰っていきます。

ヤブランの果実を食べるヒレンジャク

意外と楽しい？ カラス観察

「ぴょんぴょん」「てくてく」でわかる種類

　身近なカラスにはハシブトガラスとハシボソガラスの2種類がいます。どちらもよく似ていて一目見ただけではわかりにくいのですが、地上を移動するときに、ぴょんぴょんとよく跳ねていたらハシブトガラス、てくてく歩いていたらハシボソガラスの可能性が高くなります。もちろん、ハシブトガラスもてくてくすることもあるので、1つの目安として観察してみてください。

ハシブトガラス

ハシボソガラス

慎重にして大胆

　カラスをじっくり観察するのはじつは意外と難しく、人通りのすぐ脇で大胆にゴミをあさる一方で、こちらが立ち止まって凝視していることに気づくと、カラスはたちまち警戒心をあらわにして、その場から飛び去ってしまいます。だから、カラスをじっくり観察したければ、公園のベンチに座って「そっちは見てないよ！」というポーズでさりげなくちらちらと見るのが正解です。

3章 観察の極意

ハシブトカラス。梢を取り合う遊び

遊びを知る鳥

カラスの知能が高いことはよく知られていますが、それを象徴する行動の1つが「遊び」です。数羽で樹木の梢を取り合います。群の1羽が上空高く舞い上がり、紙切れのようなものを落とすと、残りの数羽が競い合ってそれをクチバシでつかむ。つかんだ1羽がまた舞い上がり……。北国では、仰向けになって凍結路面の坂道をすべる姿が目撃されています。ハシボソガラスはクルミや貝を上空から落として割って中身を食べますが、これも遊びにつながる行動なのかもしれません。

クルミを落とすハシボソガラス

割れたクルミを食べるハシボソガラス

レアカラスを探す

冬になると、北方からハシブトでもハシボソでもないミヤマガラスが渡ってきます。多いときには数百羽の群が休耕田のなかに飛来するのですが、そのなかに、数羽のコクマルガラスがいるかもしれません。群が飛び上がったときに「キャン」と犬のような鳴き声がしたら、コクマルガラスのいる証拠です。成鳥は白黒のツートンが美しく、小さくてかわいらしいカラスです。

ミヤマガラスの群のなかのコクマルガラス（中央右）

スズメは野鳥の代表選手

水田で群れるスズメ

最も身近な野鳥

　スズメはふつうすぎて、野鳥と認識されていないことすらあるのですが、れっきとした野鳥です。野生の鳥はすべて野鳥なので、最も身近な野生の鳥であるスズメは、野鳥の代表選手ともいえます。

　そんなスズメも太古から日本に分布していたものではなく、水田耕作とともに日本へ分布を広げてきたとされています。そのため、イネを食べる害鳥のイメージも強かったのですが、実際には春から秋にかけては虫もたくさん食べる雑食性です。

3章 観察の極意

かつて軒下、今は標識

かつては日本の木造家屋のさまざまなすき間（軒下や雨どいなど）にワラくずを詰め込んで巣をつくっていました。しかし現代の家屋はすき間がない構造になっているので、その代わりに道路標識や電柱、鉄筋の構造のすき間がおもな営巣場所になっています。いずれにしても、人間が生活している場所であることが条件のようで、人里を離れた森のなかでスズメを見ることはまずありません。

電柱のトランスの底にあるすき間で営巣している

水浴び、砂浴び

6月ごろになると、巣立ったスズメのヒナが親鳥にくっついて動き回り、時には翼をふるわせて親鳥に餌をねだる様子が見られます。また、夏の炎天下に公園の砂場で砂浴びをしていたり、ちょっとした路面の水たまりで水浴びをしたりと、かわいらしい動作をたくさん見せてくれます。

そんなスズメが近年減少していることが明らかになりました。水田に伴って分布を広げてきたので、その水田が減り、営巣場所も変えなければならず、そうなると、減るのも当然なのかもしれません。

巣立ちビナと親鳥

砂浴びするスズメ

3種のセキレイ

セグロセキレイとハクセキレイ

　主に黒と白が目立つのが、セグロセキレイとハクセキレイです。かつて半世紀以上前、この2種には分布に大きな違いがありました。セグロセキレイは留鳥、ハクセキレイは冬鳥だったのです。ところが、ハクセキレイは徐々に繁殖分布が南下し、今では北海道から九州まで留鳥となっています。姿は似た種同士ですが、地鳴きは異なり、セグロセキレイは「ビビッ」、ハクセキレイは「チチン」なので、声を聞くと識別が簡単です。ちなみにセグロセキレイは日本の固有種※です。

セグロセキレイ

ハクセキレイ

※固有種：地球上でその地域だけに分布する種

水辺にこだわるキセキレイ

　キセキレイは、ふつうに見られる3種のセキレイのなかで最も水辺にこだわって生活していて、とくに渓流のような環境ではキセキレイがよく見られます。地鳴きはハクセキレイと似た「チチン」ですが、色合いが大きく異なるので姿を見れば識別できます。

キセキレイ

市街地に多いハクセキレイ

　セキレイは水辺の鳥のイメージが強く、水際で水生昆虫を探したり、羽化して飛翔しているこれらの成虫を捕らえたりしている姿をよく見ます。しかしハクセキレイは市街地にも多く、とくにコンビニエンスストアの駐車場を歩いているのがよく見られます。

　観察していると、時々アスファルトの路面をついばんだりしているようですが、いったいそんなところに食料があるのでしょうか。おそらく、そうした場所には昆虫類の死がいや、人間の食べ物のカケラなどがたくさん落ちていると思われます。そう考えると、夜も虫や人が多く集まっている場所の駐車場に多いのもうなずけますね。また、自動車のミラーや車体に映った自分の姿に攻撃しようとする姿もよく見かけます。

自動車に映った自分に攻撃しようとするハクセキレイ

カワセミはどこ？

カワセミ

カワセミ復活

　カワセミは、河川がコンクリートで固められるなどして環境が激変すると急激に減少し、かつては幻の鳥ともいわれました。それが1970年代後半から徐々に分布が回復し、今では都市河川や都市公園でも生息しています。姿の美しさから「空飛ぶ宝石」と称され、カワセミを見たのがきっかけでバードウォッチングにはまったという人も多くいます。そもそもカワセミ類はどの種も例外なく"人気種"で、世界中を旅してカワセミ類を追いかける強者もいます。

シックな美しさのヤマセミ

　国内のカワセミ類の最大種であり、色とりどりの美しさのカワセミと比べると、白黒のシックな美しさを誇るのがヤマセミです。カワセミと比べて出会うのが格段に難しく、首都圏では限られたダム湖などで生息が知られている程度です。それだけに、「キャラッ、キャラッ」と鋭い声で直線的に飛ぶ姿に出会えたときのうれしさは格別です。

ヤマセミ

なかなか見られないアカショウビン

姿を見ることの難しさでは、日本に分布するカワセミ類のなかで最上級なのがアカショウビンです。渓流沿いの深い森のなかに生息し、よほどの幸運がなければ姿を見ることはありません。ただし、鳴き声はよく響き、とくに初夏の早朝や雨っぽい天候のときには連続して長く鳴くので、声で確認しやすい鳥です。

南西諸島には亜種のリュウキュウアカショウビンがいて、生息数も多く、集落近くのちょっとした川でも、森さえあれば鳴き声を聞くことができます。ただし、姿を見る機会が少ないのは同じで、開けた場所に出てくることはほとんどありません。

3章 観察の極意

アカショウビン（写真提供／堀本徹）

ツバメは人間が大好き？

人間との深い関係

ツバメ

人間の生活圏で人と一定の距離を保ちつつ生活しているのがスズメだとすると、ツバメはむしろ、人間にべったりの野鳥といえます。巣は丸見えで、わざわざ人間の出入りが頻繁な場所に営巣します。ツバメにとって最も恐ろしい天敵であるカラスを避けるのに一番有効なのでしょう。何よりその背景には、人間がツバメを大切に守ってきた歴史があります。これは、昆虫をよく食べる姿から「農業に被害をもたらす虫を食べてくれるありがたい鳥」という認識が定着してきたからでしょう。

毎年同じツバメが来ているの？

ツバメの親（左）子（右）

ツバメが営巣する家の人は、ツバメの子育ての様子をとても大切に見守ってくれています。そんな様子を見ていると当然、「毎年同じ夫婦が渡ってきて子育てしているのか？」という疑問がわきます。残念ながら、そうとは限りません。同じ個体が続けて子育てをする可能性も少なくありませんが、ペアは基本的に毎年変わります。また、そもそもツバメはそれほど長命の鳥ではないので、ペアは少なくともどちらかが入れ替わっていると考えた方がよいでしょう。

壮大なねぐら入り

ツバメは繁殖期のなかで通常は2回繁殖をします。巣立ったヒナたちは、開けた場所、例えば河原や湖など、食料の多い場所で群で生活します。そうした若いツバメたちは、夕方になるとさらに集結して巨大な群となってねぐらをつくります。大きな河川のヨシ群落内が多く、そこへ集合する様子は壮大なスペクタクルで、バードウォッチャーにとって夏の風物詩となっています。

ねぐらに入ったツバメ

ツバメのねぐら入り

猛禽類を探そう

まずはトビをマスターしよう

「トビが猛禽類？」と思うかもしれません。たしかに死んだ動物の肉を食べるので、いわゆるワシやタカのような精悍さに欠けるし、どこにでもふつうに見られる野鳥なのでありがたみがないようです。でもだからこそ、トビをマスターしておけば、ほかの猛禽類を見分けることができるようになります。

カラスより少し大きなサイズ、ややフラフラとした飛び方、くさび形の尾羽、そして翼を広げたときの長さと幅の感じをよく頭に入れておきましょう。上空を旋回する猛禽を見て「あっ、トビじゃない」と、ときめいたら猛禽類ウォッチングの第一歩です。

止まっているトビ

飛翔中のトビ

3章 観察の極意

急激に都市化したツミ

ツミ

オナガ

首都圏でトビに次いで身近な猛禽類となりつつあるのが、国内で一番小さなタカのツミ（※12ページを参照）です。ツミは、都市公園の小さな森の、わざわざ人が多く通るような場所の樹上で営巣することが知られています。おそらく、カラスなどの天敵を寄せつけないために、人を利用しているものと思われます。興味深いのが、ツミの営巣場所のまわりには、必ずといってよいほどオナガも営巣することです。オナガにとってもカラスは恐ろしい存在なので、ツミの警戒行動を利用しているのでしょう。

チョウゲンボウやハヤブサも

近年、分類上はタカよりもインコなどに近いことがわかってきたハヤブサの仲間ですが、その姿やハンティングの様子は、まさしく猛禽類です。ハヤブサ（※15ページを参照）や、小型のチョウゲンボウは、もともと断崖絶壁の岩棚などに営巣します。都市の高層建築物をそうした環境に見立てたのか、この2種も都市部で見られるようになってきました。ハヤブサはドバトを、チョウゲンボウはハクセキレイやムクドリなど、同じく都市に多い野鳥を主な食料にしているようです。

チョウゲンボウ

61

コラム❸ 私のフィールドノート

　デジタル技術や機器が発達して、何かを記録するのであればスマホやタブレットでできないことはない時代になりました。しかし、あまりにもできることが多すぎて、そして無限とも思えるような記憶容量があるため、私はかえって「どこへ記録したのか」とか「何が一番重要な情報なのか」といったことがわからなくなってしまうこともあります。

　私はアナログ人間なので、紙のノートに書くというクセはいまだに抜けません。フィールドで気づいたちょっとしたことや、デジタルに残しにくい情報（ニオイや、そのときに自分が感じたことなど）を書き留めておくと、後でそれが重要な記録として生きてくることがあります。何より書くという作業は、記憶に残りやすいのです。フィールドノート、今も現役です。

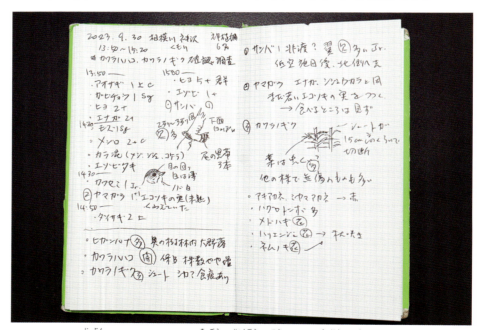

フィールドノート。自分にしかわからない記号や略号も使える。他人に見せるためのものではないので、字が雑でもかまわない。

4章 野鳥に親しむ

えさ台・水場・巣箱

えさ台にきたコガラ

えさ台

えさ台に置く餌によって、やってくる野鳥が異なります。代表的なものはヒマワリのタネで、シジュウカラの仲間やカワラヒワなどがやってきます。果物や果汁のジュースを置くと、メジロやヒヨドリが、市販の小鳥の餌（雑穀類）を置くと、スズメやキジバトがやってきます。

えさ台は冬に

えさ台の設置は、食料事情の厳しい冬場に限りましょう。野鳥の生活をちょっとだけサポートするよう、えさがあまるほど与えず、野鳥がえさ台に依存しすぎないことが重要です。そして期間を決めて、春から秋は給餌をしないようにしましょう。野生生物と人間の距離を不用意に縮めてしまわないよう、節度を守って設置してください。

4章 野鳥に親しむ

水場

　水場を年間通して設置しておくと、季節にかかわらず野鳥が水浴びや水飲みにやってきます。野鳥の水浴びは人間の入浴と異なり、水につかるのではなく、翼をバタつかせて水滴をかぶるようにします。そのため、水深は1～2cmあれば十分です。水深が深いと、野鳥にとっては怖い場所になってしまいます。

水場を訪れたルリビタキ

水浴びするメジロ

巣箱は樹洞の代わり

　庭や学校などにかけられる巣箱は、主にシジュウカラの営巣を想定しています。穴の直径が約3cmで、この大きさがとても重要です。自分より大きな鳥や天敵に入ってほしくないので、穴が大きいとシジュウカラに選んでもらえません。
　巣箱をかけるタイミングは、真冬の1月くらいがよいでしょう。シジュウカラは、繁殖期のだいぶ前から営巣場所の下見をしはじめるからです。また、上ぶたが開く

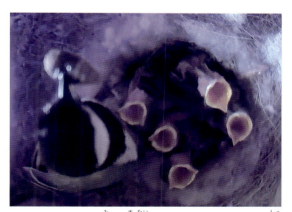
センサーカメラで見た巣内のシジュウカラのヒナ（写真提供／藤井幹）

ようになったタイプのものが多いのですが、必ず釘などで止めてください。そうしないと、カラスに開けられてしまうからです。

65

探鳥グループや野鳥の会に入って学ぶ

「探鳥会」と「日本野鳥の会」のルーツ

「探鳥会」という言葉は今では辞書にも載っていますが、もともとはある人によってつくられた造語でした。その人とは、中西悟堂。歌人（短歌をつくる人）であり、鳥類研究者、そして日本野鳥の会の創設者です。「日本野鳥の会」が創立された1934（昭和9）年に、富士山の裾野で当時のそうそうたる文人や科学者などを集めて日本で初めての「探鳥会」が開かれました。さらには「野鳥」という言葉も、同じ年に創刊された会の機関誌の誌名として世に知られるようになったのです。

中西悟堂の肖像（写真提供／小谷ハルノ）

第1回探鳥会の集合写真（写真提供／小谷ハルノ）

4章 野鳥に親しむ

鳥あわせ

　探鳥会の特色の1つに、「鳥あわせ」があります。探鳥会の最後、まとめとしてその日に観察した鳥の種名をあげてリストをつくるのです。ほかの生きものの観察会ではあまり行われない風習なので、探鳥会独特のものといえます。

　その理由は、種数にあります。半日なら20種前後、午前から午後までの探鳥会なら30種前後のリストになります。数えるのにちょうどよい数です。これが植物や昆虫だと、その倍以上、多ければ100種を超えます。種数を数えるだけでも時間がかかってしまいそうですね。探鳥会では、少し運がよいと40種を超えることもあります。観察した種数で一喜一憂するのも、探鳥会の楽しさの1つです。

鳥あわせの様子

仲間で見るのが楽しい

　野鳥観察は基本的に採集を伴わないので、探鳥会では競争するよりも、むしろ「仲間と協力して探す」「識別のしかたを教え合う」といった協力が大切です。ひとりでふらりと出かけるのも楽しいのですが、やはり基本はグループ観察が効率的で、何より道中の情報交換やおしゃべりが楽しいのです。

仲間との観察の様子

野鳥を撮影する

スマホで撮る

三脚に固定した望遠鏡があれば、そこにスマホのレンズをあてるだけで、高倍率の望遠レンズを装着したのと同じような写真が撮れます。今のスマホは複数のレンズがついているものが多いので、どのレンズで撮れるのか確かめておきましょう。この撮影方法では必ず周囲に黒い枠が入ってしまうので、後から画像処理アプリで切り取る必要があります。撮影のコツは、望遠鏡に対してスマホを直角にあてることです。

望遠鏡にスマホをあてて撮影している様子

望遠鏡にスマホをあてて撮影したツグミ

コンデジで撮る

コンデジ（コンパクトデジタルカメラ）のズームレンズは、広角（倍率の低い側）から4倍程度の望遠です。これは数メートル先の人物の顔を大きく写す程度のものなので、野鳥の撮影には適していません。野鳥撮影におすすめなのは、カメラ本体が少し大きくなりますが、50〜60倍程度の高倍率ズームを備えた機種です。広角から超望遠までカバーしているので「オールインワ

オールインワン機種

ン」などと呼ばれています。いずれにしても、倍率が高くなると手ブレしやすくなり、画面も暗くなるので、三脚に取りつけての撮影をおすすめします。

望遠レンズで撮る

レンズ交換式のカメラは、高級なものはプロのカメラマンが使用するほど高性能・高価格になります。本格的に写真を撮るのであれば、結果的に必ずこのカテゴリーに入り込むことになります。コンデジなどでは「カメラまかせ」にしている操作も、自分で調整することで最高の結果が得られるようになります。とくに、絞り、シャッタースピード、ISOはそれぞれ画質に大きく影響し、どれを優先的に調整するかによって被写体を生かしたり、背景の美しい画像にしたりといった表現の幅が広がります。

ピントとシャッタースピードを優先に

遠くにいて動きが速い野鳥は、撮影するうえで最も難しい被写体の1つです。デジタル写真は後から画像処理ができるので、ある程度は大きく切り取ったり、画面の明るさも調整したりすることが可能です。しかし、ピントのズレや、ぶれている画像は後から処理することができません。マニュアルで操作ができるカメラであれば、シャッタースピードを速くすることと、マニュアルでピント合わせができる操作方法を確認しておきましょう。

キクイタダキ。国内で最小の野鳥。動きが昆虫のようにすばしこく、撮影が難しい

野鳥の声を録音する、表現する

スマホで録る

野鳥識別の難しさの1つが、鳴き声です。さえずりだけではなく、地鳴きにもいくつかの種類がある場合が多く、それを図鑑で調べても実際の音声と文字による表記がしっくりくるとは限りません。さらに、音は時間とともに消えてしまうので、記憶や人の声で再現するのが難しいのです。そこで有効なのが、スマホのムービー機能を使った録音（画）です。この方法のよいところは、鳴いている環境も含めて記録できることです。ベテランのバードウォッチャーにたずねるときに、環境が含まれているととてもよい判断材料になります。さらに、こうした録音データから鳴き声を検索できるアプリもいくつか公開されています。

めったに見られない野鳥を記録できる

野鳥のなかには、めったに開けた場所へ出てこない種類がいます。例えばヒクイナや、ヤイロチョウなどは大きな声で鳴くのですが、やぶのなかや深い谷のなかにいて姿を見せることはほとんどありません。鳴き声を聞いたら、スマホなどで録音しておくと重要な記録になるかもしれません。

ヒクイナ　　　　　　　　ヤイロチョウ（写真提供／堀本徹）

聞きなしを楽しむ

科学的な記録の一方で、純粋に鳴き声を表現して楽しむ伝統的な方法があります。それが「聞きなし」です。代表的なものが、ウグイスのさえずりの「法、法華経」、センダイムシクイの「焼酎一杯ぐいー」、ホトトギスの「特許許可局」などです。新しい聞きなしもいろいろとありますし、独自の聞きなしを考えるのも楽しいものです。

[聞きなしの例]

種名	聞きなし
アオバト	おー、あおー、あおー
イカル	ひーこうきー（飛行機）／キーヨスクー
ウグイス	ほーうほけきょう（法・法華経）
ウズラ	あじゃぱー
エゾセンニュウ	てっぺんかけたか
オオヨシキリ	ぎょうぎょうしい（仰々しい）ぎょうぎょうしいケケケケケ
コジュケイ	ちょっと来いちょっと来い
コノハズク	ぴっぽっぱっ／ぶっぽうそう（仏法僧）
サシバ	きっすみー（Kiss Me）
サンコウチョウ	つきひほし（月日星）ホイホイホイ
ジュウイチ	じゅういちー（十一）じゅういちー
センダイムシクイ	しょうちゅういっぱい（焼酎一杯）ぐいー
ツバメ	つちくってむしくってしぶぃー（土食って虫食って渋い）
ホオジロ	げんぺいつつじしろつつじ（源平ツツジ、白ツツジ）
ホトトギス	とっきょきょかきょく（特許許可局）
メジロ	ちょうべいちゅうべいちょうちゅうべい（長兵衛、忠兵衛、長忠兵衛）
メボソムシクイ	ぜにとりぜにとりぜにとり（銭取り）
ヤイロチョウ	ほげーほげーほげー
ルリビタキ	ぼくるりびたきだよ（僕ルリビタキだよ）

4章 野鳥に親しむ

野鳥にかかわる仕事に就くには？

調査研究系

野鳥の調査を専門とする仕事には、大学や研究機関の研究者、あるいは環境調査を行う会社があります。大学や研究機関では、野鳥の生態や分類など基礎的な研究を行う理学系と、農林水産業にかかわる応用系などに分けられます。環境調査会社では、大規模開発に伴う環境アセスメント（環境影響評価）のための調査と、国土交通省が管轄する河川やダム湖で進めている「河川水辺の国勢調査」の委託調査などがあります。野鳥に特化して進めるというより、多くの場合はほかの生物を含めてそのなかで野鳥を扱っています。

NGO系

自然を守る活動をする全国組織のNGO（非政府組織）がいくつかあります。そのなかで、野鳥の保護や普及活動を活動の中心とする最大の組織が公益財団法人日本野鳥の会です。日本野鳥の会は、保護活動のほか、全国の野鳥公園やサンクチュアリ（保護区）にレンジャーを派遣しています。野鳥にかかわる仕事の代表格といえるでしょう。

4章 野鳥に親しむ

ガイド系

野鳥を見るための国内外の旅行ツアーがたくさん組まれています。そうしたツアーには、野鳥のプロガイドが添乗しています。野鳥を「見せる」仕事といえます。

独立系

野鳥を撮影するプロカメラマンのほか、調査系、ガイド系では、組織に所属するのではなく、独立した個人事業主としてこうした仕事を複数こなす人もいます。

仕事と趣味

どんなに好きなことも、それを仕事にすると、やりがいが大きくなるのと同時にプロとしての苦労や大変さを伴います。働き方が多様化するなかで、仕事と切り分けて休日などに野鳥の研究や撮影、保護活動などをする人もたくさんいます。日本野鳥の会や、日本鳥学会などはそんな人たちが多く集い、情報交換をしています。そうした会に入り、野鳥にかかわるいろいろな生き方を参考にしてみてはいかがでしょうか。

73

変わりゆく野鳥の生態

かつてヒヨドリは山の鳥だった

ヒヨドリ

都市鳥と呼ばれる種類がいます。代表格はヒヨドリで、かつては山の森に生息していましたが、今や都市から住宅地まで広く分布しています。キジバトやムクドリ、チョウゲンボウなどもこの半世紀ほどの間に都市化した野鳥です。都市という環境が新たに出現したことで、徐々にそうした環境へ適応していった結果です。また、都市公園や緑地の樹林が高木化、古木化していることもあり、キビタキやアオゲラ、フクロウなどが都市部へ分布を広げています。

ジョウビタキが冬鳥から漂鳥に？

冬鳥の代表格といえるジョウビタキが今、本州中部の山梨県から長野県、中国地方などの一部地域でふつうに繁殖するようになりました。古くはハクセキレイが冬鳥から留鳥へと変わっていきましたが（※54ページを参照）、ジョウビタキも同じように全国的に留鳥、あるいは漂鳥となっていくのでしょうか。

ジョウビタキの巣立ちビナ（左）とオス親（右）（写真提供／薮内竜太）

イソヒヨドリの都市化

岩場の多い海岸沿いなどに多いイソヒヨドリは、軽やかな鳴き声とオスの羽色が美しいヒタキ科の野鳥です。2000年代に入り、急速に内陸へ分布を広げ、現在は内陸の都市部などでふつうに見られるようになりました。興味深いのは、鉄道の高架橋や高層マンションのように垂直の壁面沿いでよく見られることです。イソヒヨドリの英名はBlue Rock Thrush（青い岩のツグミ）なので、もともとの生態が、磯というよりも、岸壁のような環境を好む鳥なのでしょう。

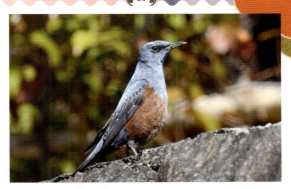

イソヒヨドリ（オス）

繁殖分布が広がりつつある鳥

1990年代くらいに夏鳥の多くが減少しているといわれ、国内の環境変化だけでなく、越冬地の環境破壊や乱獲などが原因とされました。今も回復していない夏鳥が多い一方で、じわじわと分布を広げている夏鳥もいます。その1つがヤイロチョウ（※70ページを参照）です。四国地方の照葉樹林に繁殖が知られていましたが、近年、全国で新たな繁殖記録が増えています。アカショウビン（※57ページを参照）も同様に、各地で繁殖期の記録が増えています。

ひとりひとりの記録が大切

こうした野鳥の分布や生態の変化は、全国のバードウォッチャーによる記録を研究者などが解析・分析して科学的に実証されてきました。ひとりひとりのフィールドノートや写真のファイルとして蓄積された記録の賜物といえるでしょう。こうした記録が埋もれてしまわないよう、さまざまなアプリや自然調べのサイトなどを通して共有していきたいですね。

Check! ブックガイド

野鳥観察の本には、図鑑や事典、漫画、専門分野に絞り込んだものなど、いろいろあります。

『フィールドガイド日本の野鳥 増補改訂新版』
（日本野鳥の会）

日本のフィールド版野鳥図鑑の金字塔。初版の刊行から40年以上を経て改訂を重ね、今なお多くのバードウォッチャーから圧倒的な支持を得ている。

『フィールド図鑑 日本の野鳥 第2版』
（文一総合出版）

写真図鑑が主流になった今、あえて図版を採用。写真は個体を忠実に写し取るが、図はその種の典型を描くことができる。精密な図と最新の分類情報が反映された図鑑。

『自宅で楽しむバードライフ』
（文一総合出版）

現代のさまざまな住宅事情のなかで、巣箱や水場、砂場など、身近な野鳥と親しむ方法を詳しく教えてくれる。

『へんなものみっけ！』
（小学館）

架空の自然史博物館を舞台にした漫画。シリーズになっていて、野鳥だけでなく、いろいろな生きものにまつわるムネアツな物語が詰まっている。

『身近な「鳥」の生きざま事典』
（SBクリエイティブ）

野鳥の生態や、バードウォッチャーの「あるある」を短編のマンガで紹介している。著者は野鳥調査を仕事にしていたので、マニアックな内容もほどよく差し込まれている。

おわりに

　特別な場所でなく、いつも身軽に歩ける、自分にとって定番の探鳥地を「マイフィールド」と呼びます。私にとって、そんな場所へ足を向けさせるものの１つが、本書でも紹介した「カラ類の混群」です。この群に囲まれていると、ふと別の次元に引き込まれたような感覚におちいることがあります。こちらの存在など気にもとめていないかのように目の前を動き回る鳥たちに見とれ、チチッ、ジュクジュク、ツピン、ギィー、ジェッなどの地鳴きのシャワーに包まれて夢見心地。でも、そんな時間は長くても５分程度。我に返れば、数十羽の群は次々と離れていき、あっという間に静寂が訪れます。

　この素敵な体験の感覚は、記憶として維持できても録音や録画では残せず、家に持ち帰ることはできません。だからまた、野鳥を求めてマイフィールドへと足が向かうのでしょう。

　マイフィールドで繰り返し野鳥を見ていると、その数が少なくなった、あるいは多くなったと気づくことがあります。当然、その理由が気になります。こうして環境の変化に対して敏感になれば、身近な自然を守る第一歩になります。野鳥と、それをとりまく生態系に目を向けていただくことも、本書の大きな目的なのです。野鳥たちに囲まれる幸せを、いつまでも感じられる地球であることを願っています。

さくいん

アオゲラ …………… 37、74
アオバト …………………… 71
アカエリカイツブリ ……… 15
アカショウビン ……… 57、75
亜種 ………………… 45、57
アホウドリ ………… 15、25
アラナミキンクロ ………… 47
アンデアンコンドル ………… 6
イカル ……………… 26、71
イソヒヨドリ ……… 11、75
銀杏羽（三列風切） ……… 21
ウグイス ………… 35、43、71
ウズラ ……………………… 71
ウタツグミ ………………… 17
営巣
　…… 11、12、37、53、58、61、65
エクリプス ………………… 22
エゾセンニュウ …………… 71
エナガ ………… 12、39、43、44
オオコノハズク …………… 28
オオジュリン ……………… 23
オオタカ …………………… 26
オオバン …………………… 28
オオミズナギドリ ………… 25
オカヨシガモ ……………… 46
オオヨシキリ ……… 14、71
オシドリ ……… 19、21、22、46
オナガ ……………………… 61
尾羽 ………………… 25、60

害鳥 ………………………… 52
カイツブリ ……… 15、26、28
カシラダカ ………………… 14
カッコウ科 ………………… 28
カモ類 ………… 14、22、26、46
カラス …… 39、50、58、60、65
カラ類混群 ………………… 42
カルガモ ………… 12、26、28
カワガラス ………………… 34
カワセミ ………… 14、25、56
カワラヒワ ………………… 64
カンムリカイツブリ ……… 26
冠羽 ………………………… 21
キアシシギ ………………… 26
聞きなし …………………… 71
キクイタダキ ……………… 69
キジ ………………… 7、18
キジバト
　………… 10、12、24、39、64、74
キセキレイ ………………… 55
キツツキ科 ………………… 28
キツツキ類 ………… 37、38
キバシリ …………………… 18
キビタキ …………… 43、74
キレンジャク ……………… 48
キュウシュウエナガ ……… 45
クロハラアジサシ ………… 25
クマタカ …………………… 23
コアジサシ ………… 25、37
コガラ ……………… 43、64
コクマルガラス …………… 51

コゲラ ……………… 12、37、43
コサギ ……………… 14、21
コサメビタキ ……………… 13
ゴジュウカラ ……………… 43
コジュケイ ………………… 71
コチドリ …………………… 14
コノハズク ………………… 71
混群 ………………… 42、77
固有種 ……………………… 54

さえずり …………… 38、70
サシバ ……………… 32、71
サンコウチョウ … 13、25、43、71
サンショウクイ …………… 31
三前趾足 …………………… 28
シジュウカラ
　………… 10、34、39、42、64
地鳴き ………… 38、54、70、77
シノリガモ ………………… 47
シマエナガ ………………… 44
ジュウイチ ………………… 71
ジョウビタキ ……………… 74
スズメ
　… 7、10、12、24、37、39、52、58、64
正羽 ………………………… 18
セイタカシギ ……………… 28
セキレイ …………… 24、54
セキレイ類 ………………… 24
セグロセキレイ …………… 54
センダイムシクイ … 43、71
装飾羽 ……………………… 21

78

同じ見開きのなかで何度も出てくる用語は、最初にでてきたページをのせています。

ソリハシセイタカシギ ········ 26

た

タカ ················· 25、32、60
タマシギ ···················· 35
淡水ガモ ··················· 47
探鳥会 ····················· 66
チョウゲンボウ ····· 11、61、74
チョウセンエナガ ··········· 45
対趾足 ····················· 28
ツグミ ····················· 68
ツバメ ··· 11、25、35、36、58、71
ツミ ················· 10、12、61
ツル ······················· 23
都市鳥 ····················· 74
ドバト ··········· 11、12、24、61
トビ ······················· 60
トモエガモ ················· 46
トラツグミ ··············· 20、28
ドラミング ················· 38

な

夏羽 ······················· 22
夏鳥 ···················· 31、75
ニシオジロビタキ ··········· 13
日本鳥学会 ·············· 16、73
日本野鳥の会 ····· 66、72、76
ノスリ ····················· 25

は

ハクセキレイ ····· 11、54、61、74

ハシビロガモ ··············· 47
ハシブトガラス
·········· 7、10、26、36、50、56
ハシボソガラス ········ 7、39、50
ハチクマ ··················· 32
ハチドリ ···················· 6
ハト ······················· 24
バードウォッチャー
··· 14、20、32、45、48、59、70、75、76
バードウォッチング
·········· 9、14、42、47、56
ハヤブサ ··············· 15、61
繁殖羽 ····················· 21
ヒクイナ ··················· 70
ヒガラ ····················· 43
ヒバリ ····················· 14
漂鳥 ······················· 74
ヒヨドリ
·········· 10、12、24、30、64、74
ヒレンジャク ··············· 48
フィールドノート
·········· 9、40、62、75
フクロウ ··················· 74
フクロウ科 ················· 28
冬羽 ······················· 22
冬鳥 ···················· 54、74
ベニマシコ ················· 14
弁足 ······················· 28
抱卵 ······················· 36
ホオジロ ··············· 38、71
保護色 ············· 18、20、35
ホトトギス ················· 71

ま や

ミコアイサ ················· 46
ミサゴ ····················· 15
水鳥 ······················· 28
ミズナギドリ類 ············· 15
ミヤマガラス ··············· 51
ムクドリ
·········· 10、19、24、37、61、74
メジロ
··· 10、12、26、36、43、64、65、71
メボソムシクイ ············· 71
綿羽 ······················· 18
猛禽類 ·············· 12、15、60
モズ ······················· 38
ヤイロチョウ ··········· 70、75
ヤマガラ ··················· 12
ヤマシギ ··················· 20
ヤマセミ ··················· 56
ヨシガモ ··················· 46

ら わ

ライチョウ ················· 22
リュウキュウアカショウビン
·························· 57
リュウキュウサンショウクイ
·························· 31
留鳥 ···················· 54、74
ルリビタキ ··············· 65、71
ワカケホンセイインコ ········ 26
渡り ·········· 13、14、17、30、32、43
渡り鳥 ·················· 13、14

79

秋山幸也

相模原市立博物館学芸員。自然系学芸員として植物、両生類、鳥類、哺乳類など広く生きものを調べている。著書に『見つける 見分ける 鳥の本』(成美堂出版)、『はじめよう！ バードウォッチング』(共著／文一総合出版)、他多数。

カバーデザイン	SPAIS (熊谷昭典)
本文デザイン	代々木デザイン事務所 (後藤真寿美)
イラスト	ヨギトモコ
写真提供	青木雄司　小谷ハルノ　藤井幹　堀本徹　藪内竜太　渡部良樹
編集	嶋崎千秋
校正	株式会社文字工房燦光
協力	(公財)日本野鳥の会　秋山みゆき　長久保梓　長久保碧　眞壁ゆい　松永聡美

子供の科学サイエンスブックス NEXT
身近な鳥から渡り鳥まで
フィールドに出かけよう！
野鳥の観察入門

2024 年 12 月 19 日　発　行　　　　　　　　　　　　　　　　NDC488

著　　　者	秋山幸也
発　行　者	小川雄一
発　行　所	株式会社 誠文堂新光社
	〒113-0033 東京都文京区本郷 3-3-11
	https://www.seibundo-shinkosha.net/
印刷・製本	TOPPANクロレ 株式会社

©Koya Akiyama.2024　　　　　　　　　　　　　　　　　Printed in Japan

本書掲載記事の無断転用を禁じます。

落丁本・乱丁本の場合はお取り替えいたします。

本書の内容に関するお問い合わせは、小社ホームページのお問い合わせフォームをご利用ください。

本書に掲載された記事の著作権は著者に帰属します。
これらを無断で使用し、展示・販売・レンタル・講習会等を行うことを禁じます。

JCOPY <(一社) 出版者著作権管理機構　委託出版物>
本書を無断で複製複写（コピー）することは、著作権法上での例外を除き、禁じられています。本書をコピーされる場合は、そのつど事前に、(一社) 出版者著作権管理機構（電話 03-5244-5088 ／ FAX 03-5244-5089 ／ e-mail：info@jcopy.or.jp）の許諾を得てください。

ISBN978-4-416-52472-5